儿童财商 故事系列

神奇的银行

曹葵 著

U0254734

四川科学技术出版社
·成都·

图书在版编目（CIP）数据

儿童财商故事系列. 神奇的银行 / 曹葵著. —— 成都：
四川科学技术出版社，2022.3（2023.5重印）
ISBN 978-7-5727-0278-5

Ⅰ. ①儿… Ⅱ. ①曹… Ⅲ. ①财务管理—儿童读物
Ⅳ. ①TS976.15-49

中国版本图书馆CIP数据核字（2021）第191524号

儿童财商故事系列·神奇的银行
ERTONG CAISHANG GUSHI XILIE·SHENQI DE YINHANG

著　者　曹　葵

出品人　　程佳月
策划编辑　汲鑫欣
责任编辑　周美池
特约编辑　杨晓静
助理编辑　文景茹
监　　制　马剑涛
封面设计　侯茗轩
版式设计　林　兰　侯茗轩
责任出版　欧晓春
内文插图　浩馨图社
出版发行　四川科学技术出版社
　　　　　成都市锦江区三色路238号 邮政编码：610023
　　　　　官方微博：http://weibo.com/sckjcbs
　　　　　官方微信公众号：sckjcbs
　　　　　传真：028-86361756
成品尺寸　160 mm × 230 mm
印　张　4
字　数　80千
印　刷　天宇万达印刷有限公司
版　次　2022年3月第1版
印　次　2023年5月第2次印刷
定　价　18.50元

ISBN 978-7-5727-0278-5
邮购：成都市锦江区三色路238号新华之星A座25层　邮政编码：610023
电话：028-86361758

目录

银行的前身：柜坊、钱庄、票号 第❶章 ---- ▸ 1

9 ◂---- 第❷章 我们身边各种各样的银行

会"魔法"的利率 第❸章 ---- ▸ 17

25 ◂---- 第❹章 你的信用可以当钱用

逛逛网上银行 第❺章 ---- ▸ 33

39 ◂---- 第❻章 当钞票印多了的时候

银行会倒闭吗 第❼章 ---- ▸ 46

53 ◂---- 第❽章 能管银行的银行

小·亦

咚咚的妹妹，喜欢思考，
行动力强，善于沟通

咚咚

古灵精怪，好奇心强，
想法多，勇于尝试

咚爸

性格温和，
有耐心，
非常理解孩子

咚妈

脾气有些急，
但有爱心，
理解并尊重孩子

第 1 章

银行的前身：
柜坊、钱庄、票号

在现代社会，银行帮助人们存钱、理财，那么在没有银行的古代，古人又让谁帮忙呢？别担心，古代有很多功能类似现代银行的店铺，比如柜坊、钱庄、票号等。

今年暑假，几个小伙伴都要跟着父母出远门，有的去旅游，有的回老家，一个个可高兴了。

咚咚他们家早就计划好了，先去上海的乡下看望姥姥姥爷，然后一起去山西游玩。咚咚的妹妹小亦可高兴了，一想到又可以吃到上海正宗的排骨年糕，她就直流口水。

到了姥姥姥爷家，小亦和咚咚除了陪两位老人之外，就是跟着咚爸咚妈出去玩儿。

"今天咱们去参观一处有特色的名胜古迹。"咚爸说。

"好呀！"小亦愉快地答应着。

他们来到一个古老的街区，看到一座非常陈旧但保存完好的古宅，宅门上面的牌匾上写着"钱庄"两个字。

是呀！

妈妈，这个街区好特别！

"爸爸，钱庄是装钱的地方还是姓钱的人家住的地方？"小亦问道。

"钱庄相当于古代的银行。"咚爸解释道。

"真的吗？那钱庄都办理什么业务呢？"小亦又问。

"一开始钱庄的功能很少，主要的工作就是帮人们兑换钱币。"咚爸说。

"什么？兑换钱币？当时人们不是都用铜钱、银两什么的吗？有什么可兑换的？"小亦十分不解。

"是这样的，自从宋朝人发明了纸币之后，市面上流通的钱币包括银两、铜钱和纸币等，还有很多私钱。"咚爸继续解释。

"什么是私钱？"小亦问。

"就是民间一些人偷偷摸摸铸造的钱币，这些钱币有的分量不足，以次充好。"咚爸说。

"这样的确太乱了。"小亦说。

"可不是嘛，后来就有人创建了钱庄，主要帮人们兑换钱币，并收取一些兑换费，从中可以赚一些钱。"咚爸说。

"可是，这样赚的钱也太少了吧。"小亦说。

"哈哈，钱庄的老板们也这么想，所以他们后来就开始帮人们存钱、贷款等，从中赚了更多的钱。"咚爸笑着说。

这样赚钱也太少了吧。

明清时期，南方的商品经济很繁荣，上海、杭州等城市遍地都是钱庄。在北方，这样的店铺叫作银号。最初，钱庄只给来往的商人兑换钱币，后来，一些大钱庄推出了存钱、取钱、贷款等业务。

在上海看完姥姥姥爷后，他们一家人又去山西平遥古城游玩儿。整个古城古色古香，在这里玩儿就像穿越到古代一样。

转着转着，咚咚看到一家名叫"日昇昌记"的店铺，就问咚妈："咦，这家店铺是干什么的？"

"这是一家票号。"咚妈说。

"票号是什么？"咚咚从没听说过这种店铺。

"相当于现在的银行。"咚妈认真地解释道。

"那一定很好玩儿，我们进去看看吧。"咚咚来了兴趣。

看到门口的介绍牌，咚咚认真地读着上面的字，说："原来这家票号是咱们中国第一家票号呢！"

"对呀，这家票号很厉害，不但能帮老百姓存款，还给一些工厂贷款、汇兑金银、汇兑铁路经费等。"咚爸说。

"那真的是很厉害呢！"咚咚说。

票号也叫票庄、汇兑庄，是人们兑换银票、存款等的地方。日昇昌记票号是我国第一家票号，成立后生意非常红火，在全国开了很多家分店，可进行异地汇兑。在它的带领下，山西商人纷纷创建票号，比较著名的有蔚泰厚、蔚丰厚、日新中等。

"有比票号更古老的银行吗？"咚咚问咚爸。

"有啊，比如钱庄，但是钱庄有区域限制，只能在同一个地方进行汇兑，日昇昌记票号的老板发现钱庄有这个弊端之后，就创建了可以异地汇兑的票号。"咚爸解释说。

"就像现在的银行，在北京存钱后，也能去上海取钱，对吗？"小亦问道。

"对，就是这样。"咚爸说，"其实除了钱庄，古时候还有柜坊、交子铺户等。"

异地兑换，恕不接待。

"什么是交子铺户？"小亦问道。

"什么是柜坊？"咚咚也问。

原来如此啊！

咚咚和小亦还想刨根问底，可是咚爸也没法给他们一一准确解答。

"你们回家后自己查资料吧。"咚爸笑着说。

从山西回来后，咚咚和小亦上网查阅了很多资料，终于理清了我国古代银行的发展脉络。

中国很早以前就有一些和银行职能很像的店铺了，例如唐朝的柜坊。柜坊是由邸店衍生出来的。邸店除了为来往的商人提供住宿外，还帮他们存钱、存货、招揽生意等。后来邸店的业务分成两部分：为商人存放货物的塌房，以及为商人们存放钱财的柜坊。柜坊就是银行的雏形。

您好，欢迎光临！

到了宋朝，交子铺户诞生了。它和柜坊很像，专门为来往的商人提供存钱、取钱的业务，还发行了纸币"交子"。后来，随着时间的流逝，钱庄应运而生，帮人们兑换钱币、存钱、贷款等。不过，钱庄只能办理本地业务，无法满足人们跨地域办理业务等其他需求。于是，功能更全的票号诞生了，在各地的票号中，要属山西票号最强大。到了清朝末年，真正的银行才在我国生根发芽。

　　"哇，原来银行存在这么久了！"小亦感慨道。
　　假期很快就要结束了，几天后皮蛋儿也回来了，小伙伴们兴奋地聊着各自的见闻，别提有多高兴了。

第2章

我们身边各种各样的银行

　　小朋友，你发现了吗？我们身边的银行真是五花八门呢！有中国建设银行（建行）、中国银行（中行）、中国工商银行（工行）、中国农业银行（农行）、中国邮政储蓄银行（邮储银行）等。很多小朋友都十分纳闷儿：为什么不能只有一种银行呢？这是因为每一种银行最初都有自己的责任，它们分工不同，而且不可替代。

今年过年，小亦和咚咚都得到好多压岁钱！

"哇，发大财啦！"小亦太高兴了，一边儿数着钱一边儿说："这么多钱，该存到银行去了。"

这天，小亦刚从她开户的银行——中国邮政储蓄银行出来，就碰到了羽灵姐姐。

"羽灵姐姐你也是来存钱吗？"小亦问道。

"是的，不过，我把钱存在中国工商银行了！"羽灵姐姐说。

"为什么？"小亦问。

"中国工商银行可是我国的四大国有商业银行之一！"羽灵姐姐说。

　　回到家，小亦连忙问咚爸："爸爸，您知道中国工商银行是我国的四大国有商业银行之一吗？"

　　"当然知道啊！我还知道中国工商银行已经迈入世界领先的大银行之列了。"

　　"哇，太牛了！"小亦没想到咚爸居然知道关于银行的事儿。

　　"中国邮政储蓄银行也不错，经营很稳定，是国内营业网点最多的银行。"咚爸讲解道。

　　"哇，太棒了！"小亦看着手里的存折高兴地说。

　　中国工商银行已连续九年成为美国《福布斯》杂志评选的全球企业2000强的第一名。2021年6月，它在《银行家》杂志评选的全球银行1000强榜单中排名第一。中国工商银行的英文缩写是ICBC。

踏青好时节啊！

春天来了，小亦全家决定去湿地公园玩儿。

小亦兴奋地与好朋友们分享自己的春游计划，哆哆和三条非常感兴趣，也要和爸爸妈妈一起去那里郊游。

这天天气晴朗，小亦一家踏上了春游之路。咚爸开车从市区穿过，前往湿地公园。

小亦看着窗外的风景，感叹道："马路两边儿的桃花太漂亮了，就像两条粉色的花河！"

小亦还发现，每隔一段距离就有一家银行，这些银行的名字还不一样呢。

"爸爸，为什么有这么多种银行呢？难道一种银行不够用吗？"小亦一直觉得很奇怪。

"每种银行除了有存钱、取钱、理财业务之外，还有自己的业务特点，所以一种银行肯定不够用啊。"咚爸说。

这时，他们刚好路过一家中国建设银行，小亦便问："那中国建设银行有什么特点呢？"

"60多年前，咱们国家要建设很多重点工程，为了管理好庞大的建设资金，政府就成立了中国人民建设银行，也就是现在的中国建设银行。"咚妈说。

"原来建行真的和建设有关系呀！"小亦说，"那农行和农业有关系吗？"

"当然有呀，它最初是在农村办理业务，帮助农民借钱、存钱，支持农业发展的。"咚爸简单地说。

小亦说："那交行就是修路的咯！"

"哈哈，不是不是！"咚爸笑道。

"那它为什么叫交通银行呢？"咚咚困惑地问道。

"那是一百多年前的事情了。那时中国很落后，很多国家都来欺负我们。当时，比利时在中国修建了一条京汉铁路，还不让我们使用。后来清政府决定，一定要把这条铁路买回来。可是清政府没有钱，于是就和一些商人合作，筹办了交通银行，通过交通银行筹款，终于把京汉铁路买回来了。"咚爸说。

"哦，原来是这样啊。"咚咚说。

小亦一家终于到了湿地公园。

哆哆和三条他们也都来了。

三家人聚在一起野餐，边吃边聊。

"你们都见过哪些银行？我已经见过工行、邮储银行、建行、农行和交行了！"小亦说。

"我看见了中国光大银行、招商银行。"哆哆说。

"我看见了浦发银行、平安银行，还有恒丰银行。"三条说。

"这些银行和建行、工行它们一样吗？"小亦问咚爸。

"不一样！建行、工行等属于国有商业银行；而浦发银行、中国光大银行等是股份制商业银行，由很多企业共同创建。"咚爸说。

"它们都叫商业银行，除了一类是国有的，另一类是股份制的之外，还有其他的区别吗？"哆哆问。

"当然有啊！国有商业银行规模大，发展稳定；股份制商业银行更有活力，竞争力很强，有很多都已经上市了！"哆爸说。

"哇，真厉害呀！"几个小朋友齐声说。

除了中国光大银行和招商银行之外，股份制商业银行还有浦发银行、华夏银行、广发银行、平安银行、渤海银行、恒丰银行等。其中，招商银行是我国第一家完全由企业法人持股的股份制商业银行，在它的带领下，其他股份制商业银行陆续诞生，这让我国的银行业充满活力。

"那么，除了国有商业银行和股份制商业银行之外，我国还有哪些种类的银行呢？"咚咚问道。

"嗯，还有很多种类呀，比如城市商业银行、农村商业银行、村镇银行等。"咚爸说。

"我猜，城市商业银行就是一个城市自己建立的商业银行，就像姥姥姥爷家那里有上海银行，就是上海市的银行对吗？"咚咚说。

"你说的不错，城市商业银行主要是为某个城市服务的，一般不会到其他城市去设立分行，但是有的城市银行发展得比较好，也有可能跨区域发展。"咚爸说，"像北京银行、南京银行等还成为全球银行500强呢！"哆爸补充道。

"真是太强了！"几个小朋友说。

会"魔法"的利率

　　我们把钱存进银行账户后，过一段时间就会发生神奇的事情：账户里的钱变多了！这是为什么呢？难道银行账户会变魔法吗？其实会变魔法的不是银行账户，而是银行利率。

吃完饭，咚妈就忙着查看各个银行的存款利率。

"存一年的利率是 2.15%，存两年是 2.95%……"咚妈一边儿查看一边儿念叨着。

"妈妈，您在念叨什么呢？"小亦觉得很奇怪。

"我要存一笔钱，想看看存在哪家银行更合适。"咚妈说。

"存哪家银行不是都一样吗？"小亦说。

"如果是存活期，的确是存哪家都一样，但是我想存定期，所以还是要选择利率高一点儿的。"咚妈解释道。

"什么是活期、定期呀？"小亦纳闷儿地问。

"活期存款就是随时存、随时取，比较方便的存款方式，但是利率比较低，大约 0.3%。"咚妈接着说，"定期存款就是存款时间是有规定的存款方式，比如存款时间是一年，那么这一年内我们就不能把钱取出来，这样利率会高一些。"

钱还能存活期、存定期？

活期

定期

"那要是有急用，必须提前把钱取出来怎么办？"小亦问道。

"那就只能按照活期存款的利率结算。"咚妈解释道。

"如果只取出一部分钱呢？"小亦又问。

"那么取出来的钱就看作活期存款，剩下的还是定期存款。"咚妈解释说。

"原来存钱方式不同，利率就不同啊！"小亦这才弄明白。

"我觉得还是这家银行的利率高一些。"咚妈说。

"如果存 3 年的话，这家银行的利率是 3.85%，比其他银行的都高。"小亦看着资料说。

"可是，这只是一个均值，具体的利率我们要去银行问过才能知道。"咚妈说。

"为什么是均值呢？"小亦问。

"因为每家银行在每个城市的利率可能不太一样。"咚妈解释道。

"同一家银行的利率居然会因地而变！"小亦感叹道。

第二天，小亦忍不住向来家里玩儿的小伙伴们讲解：活期存款、定期存款的利率不同，每家银行的利率也不完全相同……

小伙伴们都很佩服小亦，只有咚咚不服气。

"说了半天，你知道利率是怎么来的吗？"咚咚问她。

"应该是银行规定的呀！"小亦觉得咚咚的问题很奇怪。

"才不是呢！利率是国家规定的！"咚咚得意地说。

"利率就是银行规定的！"小亦说。

"国家规定的！"咚咚争辩道。

他们兄妹俩吵了起来。

利率是什么呢？就是我们把钱存入银行后，银行会按照一定的比例支付给我们一定的报酬，这个比例就是利率。而我们得到的报酬就是利息。

这时，咚爸走了过来，听他们你一句我一句地争吵，就说："别吵了，利率的确是国家规定的。"

咚咚一听这话，理直气壮地对小亦说："我说对了吧！"

咚爸又说："但是你说得太简单了！各个银行可以根据国家规定的基准利率制定本行的利率。"

"基准利率？"小伙伴们都没听说过这个概念。

"国家制定了一个指导性利率，各个银行在制定本行的利率时都得参照它，不能太高，也不能太低。这个作为参照的利率就是基准利率。基准利率就像太阳一样，所有银行的利率都得围着它转。"咚爸解释说。

"哦，原来是这样！"小伙伴们这才知道每家银行的利率是这么来的。咚咚和小亦像看老师一样看着爸爸，很佩服爸爸知道这么多。

国家是怎么制定基准利率的呢？是根据货币的供求关系来定的。什么是货币的供求关系呢？就是市场对货币的需求，如果市场特别需要货币，但货币供小于求，那么基准利率就会提高；如果市场不需要那么多货币，货币供大于求，那么基准利率就会降低。基准利率如同风向标，只要它一动，金融机构就会紧跟着调整自己的存贷款利率。

咚爸打算贷款买一辆新车。

"太好了，如果贷款 10 万元，只要 2 年我就能还完本息了！"咚爸高兴地说。

"奇怪，为什么大人最近都在贷款啊？"咚咚问道。

"哈哈，因为银行贷款利率降低了！"咚爸兴奋地说。

"为什么？"咚咚问。

"因为这样能促进国家经济发展啊！"咚爸说。

"利率有这么强大的'魔法'？"咚咚难以置信地问。

"当然啦！利率是调控经济的杠杆之一。"咚爸说，"如果经济下行了，国家就会降低基准利率，存款基准利率和贷款基准利率都变低了，人们就更愿意花钱，无论是消费还是创业，都能刺激国家经济的发展。如果出现通货膨胀，就会提高基准利率，当存款基准利率和贷款基准利率都变高时，相对于花钱，人们更喜欢把钱存进银行赚利息，这样就能减少市场上的货币流通量，抑制通货膨胀。"咚爸耐心地讲解着。

"哦，我明白了，利率的变化能促使或抑制我们花钱，让市场上的钱不至于太少或者太多。"咚咚思考后说。

"对，这就是利率的'魔法'。"咚爸肯定了咚咚的推论。

咚爸开始对比各家银行的贷款利率，还了解了各种网贷平台的贷款情况。

"算来算去，还是银行比较划算啊！"咚爸说。

咚咚凑到咚爸跟前看了看，发现今年工行、建行、农行等几个大银行的贷款利率都是一样的。贷款一年以内的年利率是4.35%，一年至五年以内的年利率是4.75%，五年以上的年利率是4.9%。

"爸爸，为什么贷款时间越长，年利率就越高啊？"咚咚不解地问。

"因为咱们占用银行的钱的时间越长，银行承担的风险就越大。"咚爸解释道。

最后，咚爸在工行贷款买了一辆新车，高兴地带着全家人出去郊游了。

你的信用可以当钱用

人们常说，做人一定要讲信用。讲信用的人能得到大家的尊重和信任，走到哪里都会受欢迎。更神奇的是，在银行，人们有信用就可以借钱。

吃完晚饭，咚咚和小亦陪咚妈去邻居张阿姨家做客。张阿姨无奈地说："我好不容易才看中一套房子，可是银行说我有不良征信记录，就是不给我贷款！"

　　"难道你没有按时还钱吗？"咚妈问道。

　　"那都是三年前的事情了！"张阿姨说，"我从银行借了一笔钱，还款方式是等额本息还款（在还款期内，每月还款金额相同），可是有几个月我手头比较紧，就拖欠了一段时间。"

　　"那你后来把钱还清了吗？"咚妈问道。

　　"还清了，不过晚了三个多月。"张阿姨说。

　　"三个多月！那你岂不是被银行列入'黑名单'了！"咚妈惊讶地说。

　　"可不是嘛！现在我没法贷款了。"张阿姨失落地说。

　　"唉，只能等银行消除你的逾期记录再说了。"咚妈说。

五年

什么？一"黑"就得五年？

　　"那银行什么时候才能把阿姨的名字从'黑名单'上消除啊？"咚咚问。

　　"一般来说，银行的逾期记录只存留五年，五年之后这些记录就自然消除了。"咚妈说。

"唉，我这两年内都不能贷款买房子了！"让张阿姨难过的是，她好不容易挑选的房子买不成了！

每家银行都会将不按期还款的个人信息转入全国征信系统，方便其他金融机构发放贷款时查询借款人的信用水平。如果我们在银行贷款之后不按时还款，那么后果非常严重。

听了这件事儿后，咚咚有个疑问："银行真的知道所有人的信用记录吗？"

咚妈说："不是的，因为有的人不用信用卡，也没有在银行等金融机构贷过款，所以银行也就没有这些人的信用记录。"

"那么，谁来评价这些人的信用呢？"小亦问。

"哈哈，别担心，还有百行征信呢！"咚爸说。

"什么是百行征信？"对咚咚和小亦来说，这可是个新鲜词。

"就是由很多金融机构组成的征信行业联盟，它的名称是百行征信。"咚爸解释说。

"征信行业联盟？百行征信？听起来很厉害的样子！"咚咚说，"它有什么作用呢？"

"它可以在网络领域评估大家的信用。"咚爸说。

"也就是说，凡是在网上买过东西、借过钱、转过账的人，都有信用评分了？"小亦问。

"对，就是这样！"咚爸肯定地说。

百行征信与央行征信一联手，14亿中国人的信用分数就一目了然了。对于那些不讲信用的人，社会和银行会联手惩罚他们；而那些有借有还、信用分数很高的人，就能享受各种优惠。

希望您早日康复！

咚咚兄妹的堂叔生病住院了，咚咚和咚爸去医院探望堂叔。

堂叔恢复得很好，堂婶和他们聊天时提到一件事情。刚住院的那天，在付药费的时候，有一项自费药要求用现金支付，可是现在要么用卡支付，要么用手机支付，谁也不会带很多现金在身上，堂婶当时带的储蓄卡里面的钱不够，还差100元。

"医院的工作人员问我有没有信用卡。我是办过一张信用卡，但很少用，我就说有，工作人员说可以用信用卡取现，我就用信用卡取了100元救了急。"

"良好的信用真的能救急！"堂婶感叹道。

咚爸说："信用卡取现利息比较高，要尽快还。"

堂婶说："是呀，我第二天就取了钱还上了。"

从医院出来，咚咚好奇地问："信用卡是什么？"

"信用卡就是银行专门给那些信用合格的人办的、可以先消费后还款的银行卡。如果及时还款，银行就认为我们的信用很好，会不断提高我们的信用额度。"咚爸说。

信用也是钱！

"信用额度是什么？"听到了新名词，咚咚很好奇。

"信用额度就是银行给每个信用卡持卡人设定的最高刷卡限额。信用越好，银行给的信用额度越大。"咚爸说。

"信用额度有什么用处呢？"咚咚又问。

"信用额度越高，我们买东西时就可以先用银行更多的钱，比如堂婶家定期存款没到期，而住院用钱很多，就可以先刷信用卡付款。"

"爸爸，您的信用额度有多少？"咚咚很关心这个问题。

"我工行信用卡的额度是 5 万元，建行信用卡的额度是 3 万元。"咚爸说。

"5 万元加 3 万元，等于 8 万元，那我们很有钱呀！"咚咚很自豪。

"额度不是钱，是我们可以刷卡消费的最高限额。"咚爸说。

"怎么才能提高额度呀？"咚咚很好奇。

"经常刷卡、按时还钱，就能提高信用额度。"咚爸说，"其实，良好的信用就是财富。"

过了几天，小亦和哆哆、皮蛋儿一起玩儿时，小亦的话匣子又打开了。

　　"那天，我和妈妈出去玩儿，刚走到半路，就下起大雨来，我们没带伞，真是急死了！可是，没过一会儿我妈妈就拿到一把伞，而且没花一分钱，你们猜是怎么回事儿？"小亦问小伙伴。

　　"找别人借的呗！"皮蛋儿觉得这个问题太简单了。

　　"可是我们在那附近根本没有熟人，我们能向谁借呢？"小亦反问道。

　　"不知道。"两个小伙伴互相看了看，都摇摇头。

　　"我妈妈去附近一个免费借还点借的。"小亦说。

　　"免费借还点是什么？"两个小伙伴惊讶地问。

良好的信用积分可兑换优惠券哦!

"就是可以凭信用借东西的地方,那里有雨伞、充电宝等物品,只要芝麻信用分超过 600 分,就可以免费借用。"小亦耐心地解释道。

"那借来的伞怎么还呢?"哆哆问。

"第二天,我妈妈把伞交还给家附近的免费借还点。归还时扫描雨伞上的二维码,我妈妈的手机上就显示'归还成功'四个字,借还伞行动就完美结束了。"小亦说。

"好方便呀!"两个小伙伴异口同声地说。

许多机构推出了信用服务。信用分越高,我们在相关领域获得的优惠就越多。

多多益善……

第 5 章

逛逛网上银行

有了银行，我们存取钱、转账、理财很方便。但自从 20 多年前网上银行（网银）诞生后，我们更是足不出户就能办理银行业务了，并且想什么时候办理就可以什么时候办理。现在又有了手机银行，更便捷了。

咚咚的小姨给咚妈打来电话："姐，我买房子的首付款还差 5 万元，你要是手里富余，能借我点儿吗？"

咚妈笑着说："我手里刚好有点儿存款，等会儿就给你转账，把你的银行卡号发给我吧。"

电话里传来小姨欢快的笑声和感谢声。

等了一会儿，收到了小姨的银行卡号，可是咚妈一点儿要出门的意思都没有。

"妈妈，您不是要给小姨转账吗？怎么还不去银行啊？再等一会儿银行就要关门了！"咚咚忍不住提醒道。

"傻孩子，在网上银行转账就行了。"咚妈笑着说。

"网上银行？"咚咚还没有见过呢。

"对呀，有了网上银行，我们不出门也能办理银行业务呢！而且网上银行一天24小时都营业，咱们想什么时候办理业务都行。"咚妈说。

"今天妈妈带你逛一逛网上银行！"咚妈打开了电脑。

"首先要找到银行的网址。"咚妈一边儿操作一边儿解释。

"哦，原来就是一个网页啊！"咚咚有点儿失望地说。

"别小看这个网页，有了它，我们就不用经常往银行跑了！"咚妈说着就进入网上银行自己账户的转账页面，输入了小姨的姓名、银行卡号、转账金额，又输入了交易密码等。

"转账成功了！"咚妈说。

网上银行转账，就是通过网上银行把自己账户里的钱转到另一个账户里。各个网上银行的转账流程大同小异，但都需要进行安全认证，确保转账安全。

"好方便呀！妈妈，我能有一个网上银行账户吗？"咚咚好奇地问。

"未成年人一般不能随便开通网上银行账户。"咚妈说。

"为什么？"咚咚正要刨根问底时，接到皮蛋儿打来的电话。咚咚挂断电话就对咚爸咚妈说："我和小亦要去皮蛋儿家玩儿'大富翁'游戏啦！"

"去吧，记得要早点儿回来。"咚妈说。

玩儿"大富翁"游戏时，总会遇到"银行"。

咚咚忍不住问几个小伙伴："你们知道网上银行吗？"

"当然知道啦，我还有网银账户呢！"皮蛋儿骄傲地说。

"什么？"其他小伙伴都惊呆了，"小朋友不是不能随便开通网银吗？"

"可我真的有一个网银账户啊，不信你们看！"皮蛋儿打开电脑，点开了自己的网银账户。

小伙伴问皮蛋儿："你是怎么开通的？"

"爸爸妈妈带着我去银行开通的啊！"皮蛋儿说，"不过，未成年人的确不能随便开通网银账户，不是所有银行都会给小朋友开通网银账户的，我爸爸说，只有一些管理比较灵活的银行会给小朋友开通网银，并且需要爸爸妈妈签字确认才能办理。"

"原来是这样啊！"小伙伴齐声说。

虽然银监会说过不许银行给未满16岁的小朋友开通网银，但是有的银行为了争取更多用户，也会给小朋友开通网银，但是必须由监护人确认并签字。

"妈妈，这些网上银行都是先有线下的实体银行，然后才有网上银行吗？"回家后，小亦好奇地问妈妈。

"不一定啊，有的网上银行在现实生活中只有一个办公室，并不是真正的银行。"咚妈说，"这种银行就是纯粹的网上银行，无论是开户、转账还是投资，都只能在网页上进行。"

"那在网上银行存的钱怎么取出来呢？"小亦疑惑地问。

"要先把网上银行的钱转到一个有实体银行或者 ATM 机的银行账户上，然后就能把钱取出来了。"咚妈说。

"哦，我明白了！"小亦说。

第 6 章

当钞票印多了的时候

　　小时候我们一直不理解为什么有的人、有的国家会没有钱花，因为我们的想法很简单——只要多印点儿钱不就行了嘛。可是爸爸妈妈说："钱是不能乱印的，否则会出大乱子！"因为钱印多或者印少了，对我们、对国家来说都不是一件好事儿呢！

通货膨胀，连汉堡包都买不起了吗？

　　今天，一位叔叔来咚咚家做客，叔叔提到他的一位朋友经营的公司因为欠债太多，快破产了。

　　"唉，我要是有个印钞机就好了！"咚咚感慨道。

　　"你要印钞机做什么？"叔叔好奇地问。

　　"多印点儿钱帮您的朋友还债啊！这样您朋友的公司不就可以继续经营下去了吗？"咚咚天真地说。

　　"哈哈，你的好意我们心领了，可是钱是不能胡乱印的，只能国家印。即使国家印，也不能多印，否则会引起通货膨胀！"叔叔说。

　　"通货膨胀到底是什么意思？爸爸之前提到过，但我对它还是有点儿似懂非懂。"咚咚认真地问。

"就是钱变得不值钱了。"叔叔解释说，"打个比方，如西瓜国一共只生产 100 个西瓜，发行的货币是 100 元，那么买一个西瓜需要 1 元钱。可是后来西瓜国发行的货币突然增加到 10000 元，那么买一个西瓜就需要 100 元了。这就是通货膨胀。表面看是西瓜涨价了，其实是货币变得廉价了。"

"哦，原来是这么回事儿啊！"咚咚点着头说，"那人们把 100 元当 1 元钱花就行啦！"

"事情可没有这么简单，因为西瓜国还要和旁边儿的苹果国来往，两个国家的货币有相对固定的兑换率，比如西瓜国的 1 元钱原本可以换苹果国的 2 元钱，但是现在西瓜国的钱这么廉价，苹果国就不想再用自己的 2 元钱换西瓜国的 1 元钱了，这时该怎么办呢？"叔叔说。

"那就把兑换率改了，这样对苹果国才公平。"咚咚想了想说。

"苹果国最开始也是这么想的，可是他们又害怕西瓜国发行的货币数量会变来变去，所以干脆不再和西瓜国做朋友了。"叔叔继续说。

"这么严重啊！"咚咚惊讶地说。

"还有更严重的呢！"叔叔接着说，"有个国家发行了太多货币，结果买一根大葱就要花好几亿元，那个国家的人们非常生气，就不再使用自己国家的货币了。"

"啊？不用自己国家的货币，那他们用什么啊？"咚咚疑惑地问。

"用其他国家的货币代替。"叔叔说。

"那可真是乱套了！"咚咚惊讶地说。

"可不是嘛！"叔叔说。

"货币印多了会通货膨胀，那么印少了会怎么样呢？"这时，坐在一旁的小亦疑惑地问。

"会发生通货紧缩。"叔叔说。

"通货紧缩？"这对小亦和咚咚而言又是一个新名词。

"正常情况下，货币的数量应该和商品流通需要的货币量相同，可是如果货币的数量突然变少，货币少商品多，那么商品就会降价。"叔叔解释说，"商品一降价，工厂不赚钱，就会降低产量，很多人也会因此失业。"

"钱少了，商品也少了，人们就不敢再花钱了。"咚咚想了想说。

"对呀，谁都不花钱，那国家就没法发展经济了。"叔叔说。

"哦，原来货币印少了也不行啊！"小亦恍然大悟。

中国人民银行负责人民币的发行。

中国人民银行法

货币是个好东西，但只有"限量"的货币才有价值，而且数量要刚刚好。在我国，由中国人民银行发行人民币，发行前要先弄清楚国家的经济发展水平、各个银行的业务情况、国际金融市场状况等，然后才可以计划、实施。

"那么，叔叔朋友的公司真的会倒闭吗？"咚咚又开始担心这件事儿了。

"如果在银行规定的时间内还不清欠款的话，公司的确会破产。"叔叔严肃地说。

"如果真的倒闭了，那他就创办一家印钱的公司，这样就不用担心钱不够花了。"咚咚觉得自己这个主意棒极了。

"在我国，印钞公司只有政府才能开办。而且印钞公司可能会破产呀，连世界上最大的印钞公司——德拉鲁公司都快破产了！"叔叔说。

"印钞公司还会缺钱吗？"咚咚和小亦大吃一惊。

"如果有其他印钞公司和德拉鲁公司竞争，印刷成本更低，印出来的钞票质量更好，那么德拉鲁公司就会没生意做，只能等着破产了。"叔叔进一步解释说。

"德拉鲁公司给我们国家印过钱吗？"咚咚又好奇地问。

"在几十年前，德拉鲁公司的确给我们国家印刷过钞票，不过现在我们有自己的印钞公司了。"叔叔说，"当然啦！我们的印钞公司叫作'中国印钞造币总公司'。"

印钞厂其实就是印刷厂，只是它印刷的是钞票而已。印钞厂不能随便印钞票，需要按照政府规定的数量印刷，如果印钞厂私自印钞票，就是违法行为。

第7章

银行会倒闭吗

在很多人的心目中，银行非常值得信任。人们有钱了就存进银行，缺钱了就去银行贷款。可是，银行也有可能倒闭呀，那我们存在银行的钱怎么办呢？别急，就算银行倒闭了，也会有其他机构给我们补偿的。

"你们听说了吗？美国一家百年银行倒闭了！"全家人聚在一起吃饭的时候，咚妈提到一个爆炸性新闻。

"哪家银行？"大家都很好奇。

"美国西弗吉尼亚州的第一州立银行，已经有 100 多年的历史了呢！"咚妈说。

"天啊，银行也会倒闭吗？"咚咚感到很不可思议。

"当然啦，银行倒闭在国际上可不是什么新鲜事儿！"咚爸说。

"还好我们中国没有出现过银行倒闭的情况。"小亦说。

"我们中国也有过银行倒闭的例子。"这时咚妈说。

"啊？什么时候的事儿？哪家银行？"小亦好奇心大起。

"那是 1998 年的事情了，海南发展银行刚成立两年多就倒闭了。"咚爸说。

"才两年多！"小亦惊讶地说。

"是啊，当时海南的房地产业特别火，很多开发商都从这家银行贷款开发房地产，谁知没过多久海南的房地产业就没落了，这家银行贷出去的钱根本没办法收回来。"咚爸说。

我才两岁多。

海南发展银行

开门！
取钱！

银行

"很多在海南发展银行存钱的客户听说这个消息后，怕自己的钱打了水漂，就纷纷来银行取钱，这家银行不堪重负，没多久就倒闭了。"咚爸补充说。

"海南发展银行可是咱们中华人民共和国金融史上第一家倒闭的银行！"咚妈说。

"这家银行太不幸了！"咚咚难过地说。

第二天是周末，咚咚和小亦一起去银行存钱，刚存完钱小亦就产生了疑问："万一银行倒闭了，那我们存的钱怎么办呢？该找谁赔呢？"

"这个嘛，我也不知道。"这个问题可把咚咚给难住了。

小亦灵机一动，说："我们问问工作人员不就行啦！"

"对呀！"咚咚赞同地说。

银行倒闭好吓人！

他俩来到银行大厅的服务台，向工作人员咨询这件事儿。

"叔叔，如果我们存钱的银行倒闭了，那我们的钱谁来赔呢？"小亦问。

"一般情况下这种事情是不会发生的，如果真的发生了，你也不用担心，因为接管这家银行的金融机构会赔钱的。"银行的工作人员说。

"那万一没人接管这家银行呢？"小亦仍很好奇。

"那也没关系的。"工作人员说，"其实我们把钱存进银行后，银行会给我们的钱买一份保险。"

"给我们的钱买保险？"兄妹俩听了都觉得很奇怪。

"对呀，银行会向存款保险基金管理有限责任公司，也就是人们简称的存保金管公司缴纳一定的保费，算是给我们的钱投保，一旦银行倒闭，没钱给我们了，那么存保金管公司就会把钱还给我们，或者委托其他银行把钱还给我们。"工作人员耐心地解释道。

"哇，存保金管公司好厉害呀！"兄妹俩说。

"应该说中国人民银行，也就是央行好厉害呀！"工作人员说。

"为什么？"兄妹俩不解地问。

"因为存保金管公司是央行出资成立的呀！"工作人员继续解释道。

"哇哦，央行真的太厉害了！"兄妹俩得到满意的答复，开心极了。

解决了这个疑惑后，他们转身往家走，刚走进小区就碰到了正在散步的皮蛋儿父子。

存保金管公司好厉害！

"喂，咚咚、小亦，你们出去玩儿怎么不叫我呀？"皮蛋儿一看见他们就大声问道。

"我们可不是出去玩儿，是去银行存钱了。"小亦说。

"真能干呀，都会自己存钱啦！"皮爸笑着说。

"对呀，而且我们还知道，就算银行倒闭了，存保金管公司也会把所有的钱都还给我们呢！"小亦骄傲地说。

"可是，我们最多只能连本带息拿回50万元。"这时，皮爸说。

"那如果我们存的钱不到50万元呢？"咚咚问。

"那么我们存了多少，银行就会连本带息赔偿多少。"皮爸说。

一分都不会少。

"哈哈哈，那我就没什么担心的了，因为我的存款不可能超过 50 万元的！"小亦笑着说。

"不过，那些存款很多的人就太不走运了。"咚咚说。

"这是根据国内居民的储蓄率，以及平均存款金额制定的。设置 50 万元的赔偿最高额度，可以先保障大多数人的存款利益。"皮爸解释道。

2015 年 5 月，我国开始实施《存款保险条例》，条例规定：一旦银行倒闭，存款人获得的赔偿有一定限额，最高额度是 50 万元。简单地说，如果存款人的存款本息总和在最高偿付限额以内的，实行全额偿付；超出最高偿付限额的部分，依法从投保机构清算财产中受偿。

还好我的账户都没超过 50 万元！

第 8 章

能管银行的银行

我们一直觉得银行很威风，其实银行的上面还有一个能管银行的银行呢！在我国，它就是中国人民银行，简称央行。央行既监督其他银行，以免它们做错事，又要照顾它们，使它们健康成长，真是操碎了心。

这天，小亦和咚咚去银行查看自己的账户存款。

"我要是有一家银行就好了，不用辛苦工作也能赚很多钱！"小亦幻想着自己有一家银行，很多人都来她这里存钱、贷款，让她赚了好多好多钱。

"银行有什么了不起的，能管银行的银行才最棒呢！"咚咚说。

"什么？能管银行的银行？有这种银行吗？"小亦十分疑惑地问。

"当然……有啦。"其实咚咚只是随口一说，他根本不知道到底是怎么回事儿。

"你不会是逗我玩儿的吧！"小亦看他这个样子，就猜他可能是乱说的。

这时，他们看到身后有一位银行工作人员。

小亦上前去问："叔叔，我们国家到底有没有能管银行的银行？"

咚咚可紧张了，就怕这位工作人员说"没有"，这样他在小亦面前就太没有面子了。

"当然有啊！"工作人员笑着回答。

听了工作人员的话，咚咚突然又有了底气，扭头冲小亦说："怎么样？我说有吧！"

"你知道的可真多呀！"小亦佩服地说。

"小朋友，那你知道什么银行可以管其他银行吗？"工作人员问道。

咚咚一听，心里又紧张起来，低着头不说话了。

"告诉你吧，是中国人民银行，也叫央行。"工作人员说。

"央行？那它会帮我们存钱吗？"小亦问道。

"不会，它不是普通的银行，而是一个国家机构，是管理全国金融事业的机构。"工作人员耐心地解释道。

"它到底管些什么呢？"小亦问。

"比如发行人民币、储备外汇和黄金、管理人民币流通等。"工作人员进一步解释道。

"除了央行，其他银行都不能发行人民币吗？"咚咚问。

"是的，央行是咱们国家唯一一个可以发行人民币的银行。"工作人员说。

"我听说监管银行的不是一个叫银保监会的吗？怎么又冒出个央行来呢？"咚咚又问。

"其实，最开始我们国家所有的金融机构，例如银行、保险公司、证券公司等都是由央行管理的，后来，国家给央行减压，才把它的一些职能给分了出来。"工作人员解释说，"比如证券业由证监会来管，保险业和银行业由银保监会管。"

"哦，我明白了，央行就是银保监会、证监会的'妈妈'，是它把这些机构给'生'出来的！"咚咚说。

"确实是这样，而且央行会出台各种调控手段防范各种金融风险、刺激经济增长等，非常辛苦，所以很多人都把央行叫作'央妈'呢！"工作人员笑着说。

央行。

银保监会。

最后 贷款人

回家后，兄妹俩迫不及待地把今天学到的关于银行的知识告诉父母："爸爸妈妈，我们今天知道了原来咱们国家真的有能管银行的银行呢，就是央行！"

"说起央行，它的确很厉害，是所有银行的最后贷款人呢！"咚爸又向他们普及了新的知识。

"什么？最后贷款人？"兄妹俩以为自己知道的已经够多了，可是他们根本没有听说过"最后贷款人"这个词。

"就是当其他银行遇到资金问题、面临倒闭时，央行就给它们贷款，帮它们渡过难关。"

"可是，央行只是一个国家机构，又不像普通银行那样能赚钱，它哪儿来的钱给别的银行贷款呢？"咚咚问道。

"这个问题问得好！"咚爸笑着说，"其实央行的钱主要来自向各个银行收取的存款准备金。"

"什么是存款准备金？"咚咚又问道。

"就是为了保障银行和存款人的资金安全，各个银行要在央行存一定的钱，一旦这些银行出现资金周转困难，央行就可以拿出一部分钱帮银行渡过难关。"咚爸说，"当然啦，央行最主要的工作不是赚钱，所以没有太多营利的手段。不过，央行也不缺钱。"

"您这话也太矛盾了吧？既然央行不赚钱，怎么可能不缺钱呢？"咚咚更疑惑了。

"因为央行就是国家的银行啊，国家赚的钱都在央行存着呢！"咚爸说。

"您是说，央行就像古时候的国库吗？"咚咚问道。

　　"嗯，还真是差不多呢！"咚爸接着说，"国家收的钱、花的钱都要经过央行的手。在有些国家，政府债券也可以由央行代发，央行也会为政府融资呢！"

　　"为政府融资？政府也会缺钱吗？"咚咚简直太惊讶了。

　　"当然啦，政府有时也会收支不平衡。央行就在市场上买卖国债，还要维护汇率稳定。央行可比其他银行辛苦多了！"咚爸解释道。

　　"那其他国家都有央行吗？"咚咚又问。

　　"不一定，但是每个国家都会有一个类似于央行的银行。"咚爸说，"比如美国就没有央行，但是有一个执行央行工作的机构——美国联邦储备系统，就是财经新闻里经常提到的'美联储'，它是一家私营区域性金融机构。"

美联储是一家私营区域性金融机构。

"啥？也就是说美联储可以不听美国政府的话吗？"咚咚问。

"的确是这样。"咚爸解释说，"美联储可以独立做出各种决定而无须经过美国政府的批准。"

"外国的央行都和美联储一样吗？"咚咚很好奇。

"不是的，像德国、荷兰、印度等国家的中央银行就和我们的央行一样，都是国家的一个机构。"咚爸说，"还有，我们的央行要经常和国外的央行一起研究全球的经济发展情况。比如我

论央行的重要作用

们的央行行长要参加国际清算银行会议、G20 财长及央行行长会议等，交流和分析全球经济形势。"

"唉，央行真是太忙了！"咚咚说。